BEI GRIN MACHT SICH IHR WISSEN BEZAHLT

AF168187

- Wir veröffentlichen Ihre Hausarbeit, Bachelor- und Masterarbeit

- Ihr eigenes eBook und Buch - weltweit in allen wichtigen Shops

- Verdienen Sie an jedem Verkauf

Jetzt bei www.GRIN.com hochladen und kostenlos publizieren

Tourismusstatistik. Regionale Disparitäten und Entwicklung des Tourismus in Österreich

Dominik Prinz

GRIN

Bibliografische Information der Deutschen Nationalbibliothek:

Die Deutsche Nationalbibliothek verzeichnet diese Publikation in der Deutschen Nationalbibliografie; detaillierte bibliografische Daten sind im Internet über http://dnb.d-nb.de abrufbar.

ISBN: 9783346325587
Dieses Buch ist auch als E-Book erhältlich.

© GRIN Publishing GmbH
Nymphenburger Straße 86
80636 München

Druck und Bindung: Books on Demand GmbH, Norderstedt Germany
Gedruckt auf säurefreiem Papier aus verantwortungsvollen Quellen

Das Buch bei GRIN: https://www.grin.com/document/976063

Regionale Disparitäten und Entwicklung des Tourismus in Österreich

Verfasser: Dominik Prinz

UE Einführung in das Statistische Arbeiten für Lehramtsstudierende – Gruppe D

WS 2015

Universität Wien

Institut für Geographie und Regionalforschung

Inhaltsverzeichnis

1. Einleitung

Der Tourismus stellt eine der bedeutendsten Wirtschaftssektoren Österreichs dar. Die natürliche und infrastrukturelle Ausstattung machen Österreich zu einem international angesehenen Reiseziel. Nicht nur einheimische, sondern auch ausländische TouristInnen, vor allem jene aus Deutschland, zieht es jährlich nach Österreich. Gerade deswegen ist die Tourismusbranche aus wirtschaftlicher Perspektive betrachtet für Österreich überaus wichtig.

Ab den 1960er Jahren begann der österreichische Tourismus aufzublühen. Das kulturelle Erbe und die verschiedenen Landschaften machen das Urlaubsangebot in Österreich bis heute besonders vielfältig. War der Erholungstourismus lange Zeit die wichtigste Form des Tourismus, so kann man heute sagen, dass eine Vielzahl von Tourismusarten in Österreich vertreten sind, wie zum Beispiel der Kultur- und Städtetourismus, der Wellness- und Kurtourismus, der Sporttourismus, der Erlebnistourismus oder der Gourmettourismus. Aus den unterschiedlichen Interessen der Reisenden entstand eine Tourismustypologie. Besonders für den Kultur-, Städte- Wellness- und Kurtourismus werden dabei häufig Kurzurlaube genutzt.

Die größte Nachfrage am österreichischen Tourismus kommt vom Ausland, speziell von Deutschland. Da der Urlaub im Ausland bei ÖsterreicherInnen selbst immer beliebter wird und Österreich ein relativ kleiner Staat ist, ist die inländische Nachfrage am österreichischen Tourismus begrenzt.

Vor allem die Alpen im Westen stellen als naturräumliche Ressource den Kern des österreichischen Fremdenverkehrs dar. Wurden noch bis kurz nach der Jahrhundertwende im Sommerhalbjahr die meisten Nächtigungen verbucht, so wird in jüngster Zeit der Wintersporttourismus immer wichtiger. Im Winter sind die Nächtigungszahlen stabiler als im Sommer. Das hängt vor allem damit zusammen, dass sich in den Sommermonaten viele für eine Reise in die Mittelmeerregion entscheiden, da das Wetter in Österreich unbeständiger ist. Doch sowohl in der Sommer- als auch in der Wintersaison herrscht in mehreren Regionen Österreichs teilweise Massentourismus.

Der Tourismus zeigt in Österreich ein West-Ostgefälle. Während die Bergregionen fast zur Gänze vom Tourismus bestimmt sind, ist der Fremdenverkehr etwa östlich von Schladming gering, mit Ausnahme von einigen Thermenregionen in der Oststeiermark und dem Umland des Neusiedlersees, das in den letzten Jahren große Nächtigungszunahmen verzeichnen konnte. Bedeutendster Tourismusort Ostösterreichs ist aber Wien. Die Bundeshauptstadt wird hauptsächlich für Reisende aus dem Ausland immer attraktiver. Kultur- und Städtetourismus, aber auch der Geschäfts-, Kongress- und Seminartourismus sind hier die dominierenden Formen. Denn nicht nur Urlauber werden zu den TouristInnen gezählt, sondern auch zum Beispiel Dienst- und Geschäftsreisende. So heißt es im Statistischen Jahrbuch der Statistik Austria (2016: 420): „Als Gäste gelten Urlauber und Urlauberinnen, Geschäftsreisende, Kurgäste und andere Personen, die nicht länger als zwölf Monate in einem Beherbergungsbetrieb nächtigen, gleichgültig ob entgeltlich oder unentgeltlich."

Der Tourismus bringt allerdings nicht nur positive Aspekte hervor. Denn der schon oben angesprochene Massentourismus führt zu Landschaftsbelastungen und Umweltbeeinträchtigungen. Darum sollte man steigende Besucherzahlen nicht nur positiv bewerten, sondern ihnen auch kritisch gegenüberstehen.

Im Rahmen der Abschlussarbeit sollen die regionalen Disparitäten, die zeitliche Veränderung und Entwicklung des österreichischen Tourismus auf Ebene der Bundesländer und Bezirke aufgezeigt und diskutiert werden. Im Zentrum steht das Tourismusjahr 2015.
Ziel der Analyse ist es, das West-Ostgefälle deutlich zu machen, die Konzentration ausländischer bzw. inländischer TouristInnen, die Zu- und Abnahme des Tourismus in bestimmten Regionen zu zeigen und einen Vergleich zwischen Sommer- und Wintersaison herzustellen.

Folgende Fragen dienen dazu als Forschungsfragen: In welchen Bundesländern bzw. Bezirken gibt es die meisten/wenigsten Nächtigungen? In welchen Bundesländern bzw. Bezirken überwiegt der Sommer-/Wintertourismus (saisonale Schwerpunkte)? Wie kann diese Verteilung erklärt werden? Aus welchen Ländern kommen die TouristInnen? In welchen Bundesländern bzw. Bezirken konzentrieren sich ausländische/inländische TouristInnen? Gibt es eine Erklärung für die unterschiedliche Konzentration? In welchen Regionen hat sich die Anzahl der TouristInnen bzw. die Anzahl der Nächtigungen verändert (Zunahme – Abnahmen)? Gibt es einen Zusammenhang zwischen BIP pro Kopf Österreichs und Deutschlands und der Anzahl der Nächtigungen?

2. Methodik

Im Zuge der Analyse in Kapitel 3 wird zur Beschreibung der quantitativen Datenmengen mithilfe statistischer Messzahlen auf Methoden der deskriptiven Statistik zurückgegriffen. Besonderes Augenmerk soll auf die Nächtigungszahlen gelegt werden. Auch der Vergleich ausländischer und inländischer Gästenächtigungen bzw. -ankünfte ist ein Schwerpunkt der Untersuchung. Räumliche Bezugsbasis sind dabei die Bundesländer und die politischen Bezirke Österreichs.

Der Analyse liegen sowohl Methoden der univariaten Statistik zugrunde, um mehrere Informationen strukturieren und zu einem Merkmal zusammenfassen zu können, als auch der bivariaten und multivariaten Statistik, welche die Beschreibung des Zusammenhanges zwischen zwei oder mehreren Merkmalen als Ziel haben. Es werden Verhältnisgrößen und Lagemaße berechnet und verglichen. Im Laufe der Untersuchung sollen weiters räumliche Ungleichheiten der TouristInnen in Österreich gemessen und analysiert werden. Zur Berechnung der Maßzahlen dienen der Konzentrations-, Segregations- und Dissimilaritätsindex sowie der Lokalisationskoeffizient. Zeitreihen stellen die Veränderungen der Nächtigungszahlen dar. In Bezug auf die bi- und multivariate Raumanalyse soll der potentielle statistische Zusammenhang des Bruttoinlandsprodukts pro Kopf Deutschlands und Österreichs und der Nächtigungsanzahl Österreichs durch eine Regressionsanalyse erklärt werden, falls die zuvor durchgeführte Korrelationsanalyse einen solchen darlegt. Im Streuungsdiagramm soll der Zusammenhang visualisiert werden.

Die relevanten Daten werden einerseits in Tabellen zusammengefasst und andererseits mittels Visualisierungen, wie Karten und Grafiken (Säulendiagramme, Kreisdiagramme, Indexdarstellungen etc.), anschaulich präsentiert.

Für die folgende Analyse wurden möglichst aktuelle Statistiken verwendet. Die Daten wurden dafür hauptsächlich von der Datenbank der Statistik Austria, insbesondere von der Beherbergungsstatistik, herangezogen. „Die Beherbergungsstatistik liefert wichtige Informationen über Österreichs Tourismus, wie z. B. die Anzahl der Nächtigungen und Ankünfte, welche insbesondere nach Unterkunftsarten und Herkunftsländern auswertbar sind. [...] Gemeldet werden die monatlichen Ankünfte und Übernachtungen der Gäste aus dem In- und Ausland [...]." (Statistik Austria 2016) Weitere Datengrundlage bot die Datenbank des Statistischen Amts der Europäischen Union (Eurostat).

In Kapitel 4 werden schließlich die zentralen Ergebnisse der Untersuchung zusammengefasst und bewertet. Außerdem werden mögliche Gefahren und Chancen für den Tourismus aufgezeigt. Dabei wird insbesondere auf den Klimawandel Bezug genommen.

Im Literaturverzeichnis finden Sie Quellenangaben zur verwendeten und weiterführenden Literatur, die teilweise auch online verfügbar ist.

4

3. Tourismusstatistik – Analyse

3.1. Allgemeine Statistiken und Kenndaten

3.1.1. Das Tourismusjahr 2015

Das Tourismusjahr 2015 gliedert sich in die Wintersaison 2014/15 und in die Sommersaison 2015.

Vor allem in den Bundesländern Tirol, Salzburg, Wien, Kärnten und Steiermark wurde eine große Anzahl an Nächtigungen registriert, wobei die meisten Übernachtungen auf Tirol fielen. Die Nächtigungszahlen in den Bundesländern Österreichs im Verhältnis zu den Einwohnerzahlen sind sehr unterschiedlich:

Bundesland	Nächtigungen 2015	Einwohnerzahl	Fremdenverkehrsintensität (%)
Burgenland	2.910.336	288.356	10,09
Kärnten	12.189.180	557.641	21,86
Niederösterreich	6.791.766	1.636.778	4,15
Oberösterreich	7.176.735	1.437.251	4,99
Salzburg	26.215.286	538.575	48,68
Steiermark	11.729.384	1.221.570	9,60
Tirol	45.461.205	728.826	62,38
Vorarlberg	8.554.367	378.592	22,60
Wien	14.247.737	1.797.337	7,93
Österreich	135.275.996	8.584.926	15,76

Tabelle 1 – Nächtigungen in den Bundesländern Österreichs und Fremdenverkehrsintensität im Tourismusjahr 2015 - Quelle: Statistik Austria/eigene Berechnung

So hat zum Beispiel Niederösterreich die niedrigste Fremdenverkehrsintensität, weil auf relativ viel EinwohnerInnen relativ wenig TouristInnen kommen:

Abbildung 1 – Fremdenverkehrsintensität in den Bundesländern Österreichs im Tourismusjahr 2015 - Quelle: Statistik Austria/eigene Berechnung und Darstellung

Österreich verzeichnete in der Sommersaison 2015 insgesamt 62.200 Tourismusbetriebe. Da es teilweise größere Unterschiede im Bezug auf die Anzahl der Tourismusunternehmen in den Bundesländern gibt, so müssten rund 38% dieser umverteilt werden, um in allen Bundesländern eine proportionale Verteilung zu erlangen, was die Berechnung des Konzentrationsindex zeigt:

Betriebe Sommersaison 2015	IK
	0,38

Tabelle 2 – Konzentrationsindex der Betriebe in der Sommersaison 2015 nach Bundesländer - Quelle: Statistik Austria/eigene Berechnung

	absolut	Anteil in %
Nächtigungen Winter 2014/15	65.849.467	
Nächtigungen Sommer 2015	69.426.529	
Nächtigungen insgesamt	**135.275.996**	
davon Österreich	36.333.917	26.9
davon Ausland (inkl. Deutschland)	98.942.079	73.1
davon Deutschland	50.413.259	37.3

Tabelle 3 – Nächtigungen nach Saison und Herkunft in Österreich im Tourismusjahr 2015 - Quelle: Statistik Austria/eigene Berechnung

Mit einer Anzahl von mehr als 135 Millionen Nächtigungen konnte Österreich im Tourismusjahr 2015 die meisten Übernachtungen seit Beginn der Erhebungen verzeichnen; gefolgt vom Jahr 2013 mit über 132 Millionen Nächtigungen. Dabei fällt auf, dass in der Sommersaison 2015 etwas mehr Nächtigungen gezählt wurden als im Winter 2014/15.

Vergleich der Nächtigungen 2014/15 nach Anzahl und Saisonalität

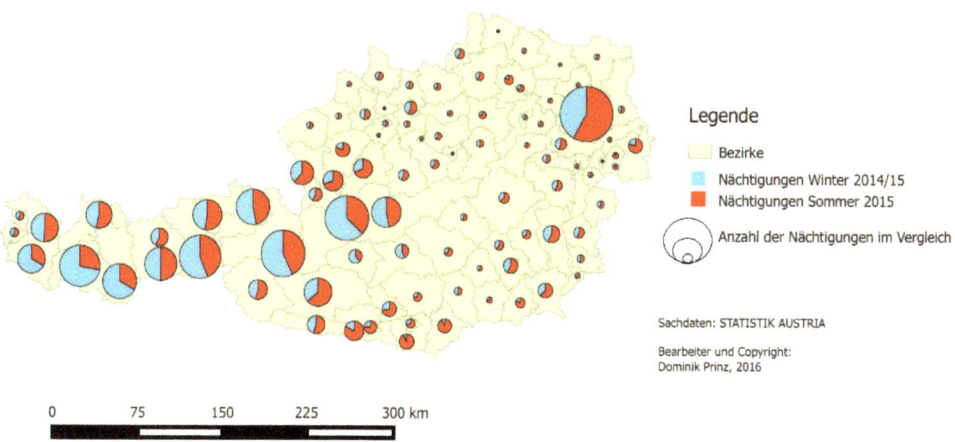

Abbildung 2 – Vergleich der Nächtigungen 2014/15 nach Anzahl und Saisonalität in den Bezirken Österreichs - Quelle: Statistik Austria/eigene Berechnung und Darstellung

Auf der Karte kann man ein klares West-Ostgefälle der Nächtigungszahlen in Österreich erkennen. Aufgrund der alpinen Landschaft, die einerseits für den Wintersporttourismus als besonders bedeutsam gilt und andererseits auch im Sommer sowohl für den Aktiv- als auch für den Erholungsurlaub attraktiv ist, liegt hier eines der beiden Zentren des österreichischen Tourismus. Ein weiteres Tourismuszentrum bildet die Bundeshauptstadt, die wirtschaftlich betrachtet, von internationalen TouristInnen aber auch von vielen Dienst- und Geschäftsreisenden profitiert.

Was die bevorzugte Reisesaison betrifft so überwiegt vor allem in den Bergregionen Vorarlbergs, Tirols und Salzburgs der Wintertourismus. Im Gegensatz dazu konnten in den Kärntner Seengebieten, in der Südoststeiermark, rund um den Neusiedlersee und in Wien, aufgrund des sommerlichen Schönwetters und der warmen Temperaturen, im Winter viel weniger Nächtigungen verzeichnet werden als in der Sommersaison. Besonders in den Bezirken der Kärntner Seengebiete konzentrieren sich die Nächtigungszahlen fast zur Gänze auf den Sommer.

	Nächtigungen 2015	Anteil ausl. Nächtigungen (%)
Median	397526	44,7
Mittelwert	1423958	44,6

Tabelle 4 – Median und Mittelwert der Nächtigungen in den Bezirken Österreichs im Tourismusjahr 2015 - Quelle: Statistik Austria/eigene Berechnung

Der Medianwert der Nächtigungen im Tourismusjahr 2015 auf Bezirksebene beträgt 397.526 und ist ein aussagekräftigeres Lagemaß als der Mittelwert, da er in einer größenmäßig geordneten Reihe genau in der Mitte liegt und im Gegensatz zum arithmetischen Mittel gegen Ausreißern „robuster" ist.

Die Bezirke mit den drei höchsten bzw. den drei niedrigsten Nächtigungszahlen in Österreich in der Wintersaison 2014/15 + Sommersaison 2015:

Bezirk	Nächtigungen Wi 2014/15 So 2015
Wien	14247737
Zell am See	10299944
St. Johann im Pongau	9422178
Eisenstadt	54843
Eferding	54452
Waidhofen an der Thaya	52776
Spannweite	14194961

Tabelle 5 – Nächtigungen in den Bezirken Österreichs im Tourismusjahr 2015 - Quelle: Statistik Austria/eigene Berechnung

Da sich in Österreich nicht ausschließlich bedeutsame Tourismusregionen befinden, sondern es auch Gebiete gibt, die weniger vom Tourismus geprägt sind, ist die Spannweite der Nächtigungszahlen ausgesprochen hoch. Der Bezirk Waidhofen an der Thaya im Waldviertel verzeichnete im Tourismusjahr 2015 am wenigsten Übernachtungen, gefolgt von Eferding. Beide sind ländlich periphere Regionen, die wenig Potential für den Tourismus bieten.
Die höchsten Nächtigungszahlen wies Wien auf. Wie oben schon erwähnt gibt es dafür mehrere Ursachen, nicht zuletzt aufgrund des kulturellen und historischen Erbes der Bundeshauptstadt.

Abgesehen davon florieren die Nächtigungszahlen in den bekannte Wintersporttourismusgebiete Zell am See und St. Johann im Pongau, die für inländische TouristInnen, aber besonders für AuslandstouristInnen beliebte Reisedestinationen darstellen.

Weil der Wintertourismus für Österreich von so großer Wichtigkeit ist soll dieser näher betrachtet werden:

Nächtigungen in Österreich in der Wintersaision 2014/15

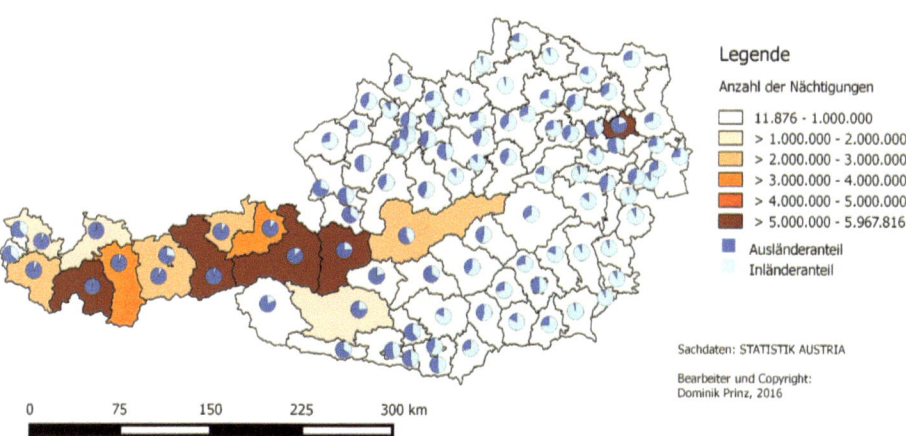

Abbildung 3 – Nächtigungen in den Bezirken Österreichs in der Wintersaison 2014/15 - Quelle: Statistik Austria/eigene Berechnung und Darstellung

Die Abbildung zeigt wiederholt die große Spanne der Nächtigungszahlen zwischen dem Westen und dem übrigen Österreich. Dabei ist zu erkennen, dass die Skigebiete im äußersten Westen bis einschließlich den Bezirken Zell am See und St. Johann im Pongau teils über einen extrem hohen Anteil an ausländischen Gästenächtigungen verfügen. Je weiter man aber in östliche Richtung sieht, desto höher wird der Anteil einheimischer Nächtigungen. Auch, wenn der Anteil der Ausländer im Bezirk Liezen noch überwiegt, so konnten hier zum Beispiel schon mehr inländische Nächtigungen gezählt werden als weiter westlich. Diese Disparitäten kommen vor allem wegen der Lage der Wintersporttourismusgebiete zustande. Demzufolge sind die Regionen etwa östlich von Tirol besonders für TouristInnen aus Ostösterreich schneller zu erreichen als jene Tirols oder Vorarlbergs. Im Gegensatz dazu profitieren die Gebiete im Westen vorwiegend von deutschen TouristInnen – ebenfalls aufgrund der topographischen Lage.

Die Bezirke mit den drei höchsten bzw. den drei niedrigsten Anteilen ausländischer Gästenächtigungen in der Wintersaison 2014/15:

Bezirk	Anteil ausl. Nächtigungen Winter 2014/15 (%)
Reutte	97,8
Schwaz	95,9
Landeck	95,7
Mattersburg	3,5
Südoststeiermark	3,4
Gmünd	3,3

Tabelle 6 – Anteile ausländischer Nächtigungen in den Bezirken Österreichs im Winter 2014/15 - Quelle: Statistik Austria/eigene Berechnung

Im Allgemeinen kann man sagen, dass der österreichische Tourismus stark von ausländischen Gästen abhängig ist. Dabei fielen etwa 37% aller Nächtigungen im Tourismusjahr 2015 auf deutsche TouristInnen:

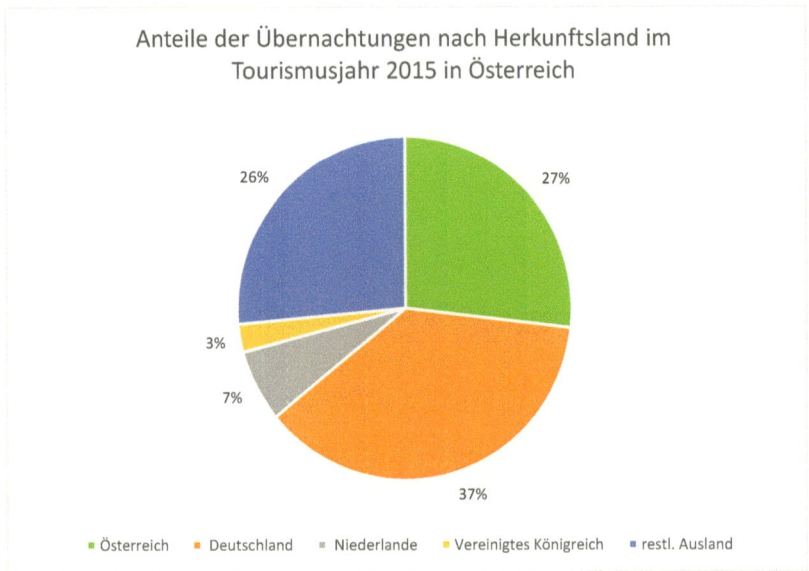

Abbildung 4 – Anteile der Übernachtungen nach Herkunftsland im Tourismusjahr 2015 in Österreich - Quelle: Statistik Austria/eigene Berechnung und Darstellung

9

3.1.2. Die volkswirtschaftliche Bedeutung des Tourismus für Österreich

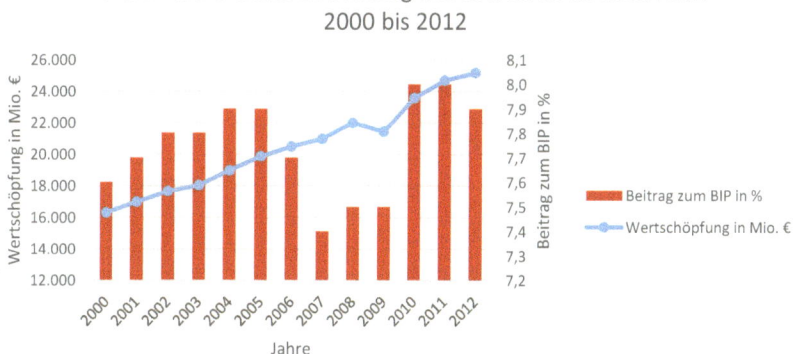

Abbildung 5 – Volkswirtschaftliche Bedeutung des Tourismus in Österreich von 2000 bis 2012 - Quelle: Statistik Austria/eigene Darstellung

Die direkte Wertschöpfung im Tourismussektor nahm von 2000 bis 2012 um rund 8.869 Millionen Euro zu und liefert jedes Jahr einen wesentlichen Beitrag zum Bruttoinlandsprodukt Österreichs. 2012 zum Beispiel betrug die direkte Wertschöpfung rund 25.000 Millionen Euro, was einen Beitrag zum BIP von mehr als 8% bedeutete. Österreich ist dabei insbesondere auf Auslandsgäste angewiesen. In der Grafik kann man die Wirtschaftskrise mit einem Rückgang der Wertschöpfung von 2008 auf 2009 erkennen.

3.2. Räumliche Verteilung und Disparitäten des österreichischen Tourismus

3.2.1. Räumliche Konzentration, Segregation und Lokalisation

Mit Hilfe der Berechnung von Maßzahlen, die zur Analyse von räumlicher Verteilung und räumlichen Disparitäten dienen, sollen nun die Unterschiede hinsichtlich inländischer, ausländischer und im Speziellen auch deutscher TouristInnenankünfte in den Bundesländern Österreichs im Tourismusjahr 2015 beleuchtet werden.

Bundesland	Ankünfte 2015	von Österreich	vom Ausland (inkl. Deutschland)	von Deutschland	Fläche in km²
Burgenland	964.491	783.048	181.443	93.290	3.962
Kärnten	2.847.438	1.250.761	1.596.677	780.471	9.538
Niederösterreich	2.566.615	1.555.212	1.011.403	341.085	19.186
Oberösterreich	2.689.429	1.541.826	1.147.603	548.466	11.980
Salzburg	6.816.682	1.900.818	4.915.864	2.232.290	7.156
Steiermark	3.725.730	2.439.058	1.286.672	589.267	16.401
Tirol	10.869.333	1.352.296	9.517.037	5.190.688	12.640
Vorarlberg	2.310.086	384.265	1.925.821	1.220.206	2.601
Wien	6.554.855	1.435.875	5.118.980	1.166.756	415
Österreich	39.344.659	12.643.159	26.701.500	12.162.519	83.879

Tabelle 7 – Ankünfte nach Herkunft in den Bundesländern Österreichs im Tourismusjahr 2015 - Quelle: Statistik Austria/eigene Berechnung

Für die folgenden drei Indizes gilt:
0...keine räumliche Konzentration/Segregation/Dissimilarität, 1...vollständig räumliche Konzentration/Segregation/Dissimilarität

Ankünfte	IK	IS	ID
ausländische Touristenankünfte	0,53		
inländische Touristenankünfte	0,19		0,40
deutsche Touristenankünfte	0,53	0,29	

Tabelle 8 – Konzentrations-, Segregations- und Dissimilaritätsindex der Ankünfte nach den Bundesländern Österreichs im Tourismusjahr 2015 - Quelle: Statistik Austria/eigene Berechnung

- Der Konzentrationsindex gibt hier an, wie stark ein Anteil von TouristInnenankünften auf einzelne Bundesländer konzentriert ist. Die ausländischen TouristInnenankünfte zum Beispiel weisen einen IK von 0,53 auf; d.h., dass rund 53% der ausländischen TouristInnen umverteilt werden müssten (das Reiseziel wechseln), um in allen Bundesländern eine proportionale Verteilung dieser zu erlangen. Ausländische TouristInnen konzentrieren sich besonders stark auf Tirol, während in den östlichen Bundesländern nur wenige Ankünfte ausländischer TouristInnen registriert werden. Aus den Berechnungen geht außerdem hervor, dass ausländische TouristInnen stärker auf einzelne Bundesländer konzentriert sind als BinnentouristInnen, was bedeutet, dass letztere auf die Bundesländer gleichmäßiger verteilt sind; nur 19% müssten umverteilt werden, um die Ungleichheit zu kompensieren.
- Der Segregationsindex beschreibt ebenfalls die ungleiche Verteilung von Elementen in einem Gebiet; genauer gesagt vergleicht er die Verteilung einer Gruppe zur restlichen Gruppe. Ein Wert von 0,29 der deutschen TouristInnenankünfte heißt, dass ca. 29% der Gäste aus Deutschland umverteilt werden müssten, um einen gleichen Anteil an deutschen und nicht-deutschen TouristInnen in den Bundesländern zu erreichen. Die Segregation meint sowohl den Zustand disproportionaler Verteilung als auch den Prozess, der zu dieser ungleichen Verteilung führt.
- Der Dissimilaritätsindex ist dem Segregationsindex ähnlich; er vergleicht die Verteilung zweier Gruppen zueinander. So bedeutet ein ID von 0,40, dass etwa 40% der ausländischen bzw. inländischen TouristInnenankünfte umverteilt werden müssten, um eine räumlich gleiche Verteilung beider Gruppen in den Bundesländern zu erlangen.
- Der Lokalisationskoeffizient oder Standortquotient gibt hier die regionale Konzentration von ausländischen TouristInnenankünften in den Bundesländern Österreichs an:

Bundesland	SQ ausl. Touristenankünfte
Burgenland	0,28
Kärnten	0,83
Niederösterreich	0,58
Oberösterreich	0,63
Salzburg	1,06
Steiermark	0,51
Tirol	1,29
Vorarlberg	1,23
Wien	1,15

Tabelle 9 – Standortquotient ausländischer TouristInnenankünfte im Tourismusjahr 2015 - Quelle: Statistik Austria/eigene Berechnung

Ist der Wert größer als 1, so heißt das, dass der Anteil ausländischer TouristInnen regional höher ist als im gesamten Raum. Ist der Wert kleiner 1, so bedeutet das, dass der Anteil ausländischer Gäste regional kleiner ist als im gesamten Österreich. Tirol zum Beispiel hat einen Lokalisationskoeffizient von 1,29; so ist der Anteil ausländischer Ankünfte in diesem Bundesland 1,29-mal so hoch wie im Gesamtraum, d.h., dass in Tirol ein überdurchschnittlich hoher Anteil der TouristInnen vom Ausland kommt. Das Burgenland hingegen weist zum Beispiel in Vergleich zum Gesamtraum einen unterdurchschnittlichen Anteil ausländischer TouristInnen auf.

Die unterschiedliche Verteilung der deutschen Gäste in den Bundesländern Österreichs kann man auch am Regionalindex der Anteile der Nächtigungszahlen 2015 erkennen:

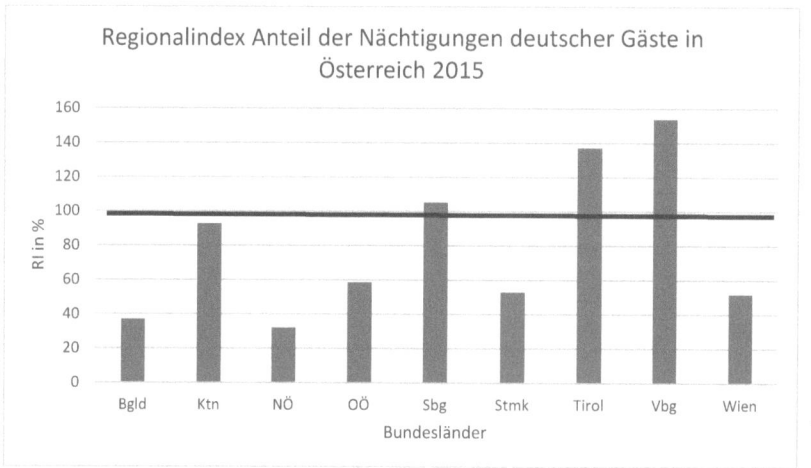

Abbildung 6 – Regionalindex: Anteile der Nächtigungen deutscher Gäste in den Bundesländern Österreichs im Tourismusjahr 2015 - Quelle: Statistik Austria/eigene Berechnung und Darstellung

Hier gilt wieder:
RI > 100…regionaler Wert über jenem im Gesamtraum
RI < 100…regionaler Wert unter jenem im Gesamtraum

In Vorarlberg beträgt der Anteil deutscher Gästenächtigungen an allen Übernachtungen in Vorarlberg rund 57,3%, in Niederösterreich nur etwa 12%.

3.2.2. Tourismuszahlen im zeitlichen Verlauf

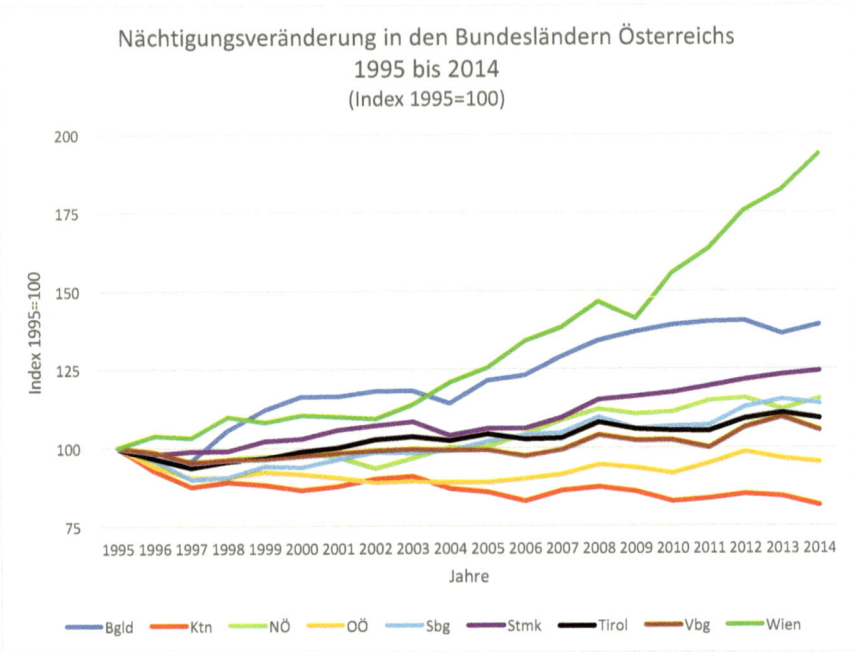

Abbildung 7 – Nächtigungsveränderung in den Bundesländern Österreichs von 1995 bis 2014 - Quelle: Statistik Austria/eigene Berechnung und Darstellung

Der Tourismus in Wien nimmt eine immer bedeutendere Rolle ein. Die Nächtigungsanzahl steigt von Jahr zu Jahr. So btrug die relative Nächtigungsveränderung von 1995 bis 2014 rund 94% und konnte sich somit fast verdoppeln.

In anderen Bundesländern, wie zum Beispiel Kärnten, kann man seit Jahren einen Rückgang der Nächtigungszahlen beobachten. Das Land Kärnten verfügt zwar über Badeseen, die vorwiegend in der Sommersaison vermehrt TouristInnen anziehen, und auch über Skigebiete; da aber von Italien, Slowenien oder Ungarn nur sehr wenige Gäste anreisen sind diese südlich gelegenen Tourismusgebiete für die übrige Mehrheit der TouristInnen umständlicher zu erreichen als jene in den andere

Bundesland	Anteil ausl. Nächtigungen 2014	relative Nächtigungs-Veränderung 1995 - 2014	Nächtigungsverän-derung	Anteil ausl. Nächtigungen*
Burgenland	21%	39%	Zunahme	niedrig
Kärnten	62%	-18%	Abnahme	hoch
Niederösterreich	31%	15%	Zunahme	niedrig
Oberösterreich	41%	-5%	Abnahme	niedrig
Salzburg	77%	14%	Zunahme	hoch
Steiermark	39%	24%	Zunahme	niedrig
Tirol	91%	9%	Zunahme	hoch
Vorarlberg	89%	6%	Zunahme	hoch
Wien	82%	94%	Zunahme	hoch

Tabelle 10 – relative Nächtigungsveränderung 1995 bis 2014 und Anteil ausländischer Nächtigungen 2014 in den Bundesländern Österreichs - Quelle: Statistik Austria/eigene Berechnung

*Richtwert: Median Anteil ausländischer Nächtigungen 2014 von rund 62% (Median = hoch)

Im Vergleich zum Vorjahr konnte im Tourismusjahr 2015 in allen Bundesländern Österreichs ein Nächtigungsplus verbucht werden. Trotz Nächtigungseinbußen von deutschen Gästen in Vorarlberg, Kärnten, Niederösterreich und im Burgenland, bleibt Deutschland das wichtigste Herkunftsland:

Veränderung der Nächtigungsanzahl 2015 zum Vorjahr

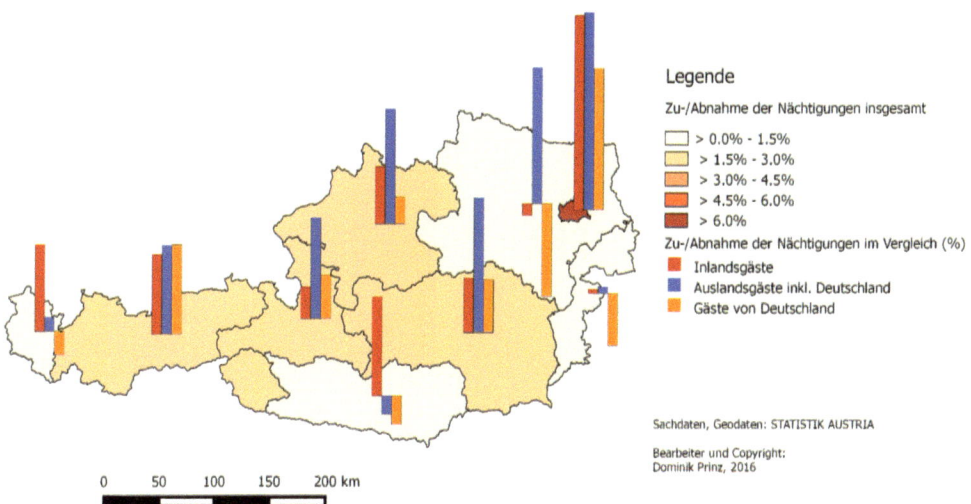

Abbildung 8 – Veränderung der Nächtigungsanzahl in den Bundesländern Österreichs im Tourismusjahr 2015 zum Vorjahr - Quelle: Statistik Austria/eigene Berechnung und Darstellung

3.3. Statistischer Zusammenhang von Tourismus und BIP

Da vor allem österreichische und deutsche Gäste den Tourismus in Österreich maßgeblich beeinflussen (zusammen rund 64% der gesamten Nächtigungen im Tourismusjahr 2015), soll nun untersucht werden, ob es einen Zusammenhang zwischen den Nächtigungszahlen Österreichs und dem Bruttoinlandsprodukt pro Kopf Österreichs und Deutschlands im Zeitraum von 1995 bis 2014 gibt. Besteht ein Zusammenhang, soll anschließend mittels einer Regressionsanalyse erklärt werden, wie sich das BIP pro Kopf auf die Nächtigungszahlen auswirkt. Außerdem soll mit Hilfe der Regressionsrechnung eine Formel erstellt werden, nach der man bei Kenntnis des Wertes der einen Variablen den zu erwartenden Wert der anderen Variablen bestimmen kann.

Forschungsfrage: Profitiert der österreichische Tourismus vom steigenden BIP Deutschlands und Österreichs?

Nullhypothese: Es besteht kein Zusammenhang zwischen BIP/Kopf und Anzahl der Nächtigungen. Die beiden Variablen treten unabhängig voneinander auf.

Alternativhypothese: Je höher das BIP/Kopf, desto mehr Nächtigungen können in Österreich erzielt werden. Das Wirtschaftswachstum Deutschlands und Österreichs hängt unmittelbar mit den Nächtigungszahlen zusammen. Da Wirtschaftswachstum meistens mehr Wohlstand bedeutet, wollen die Leute öfter in den Urlaub fahren.

Das BIP/Kopf wird als unabhängige und die Anzahl der Nächtigungen als abhängige Variable definiert:

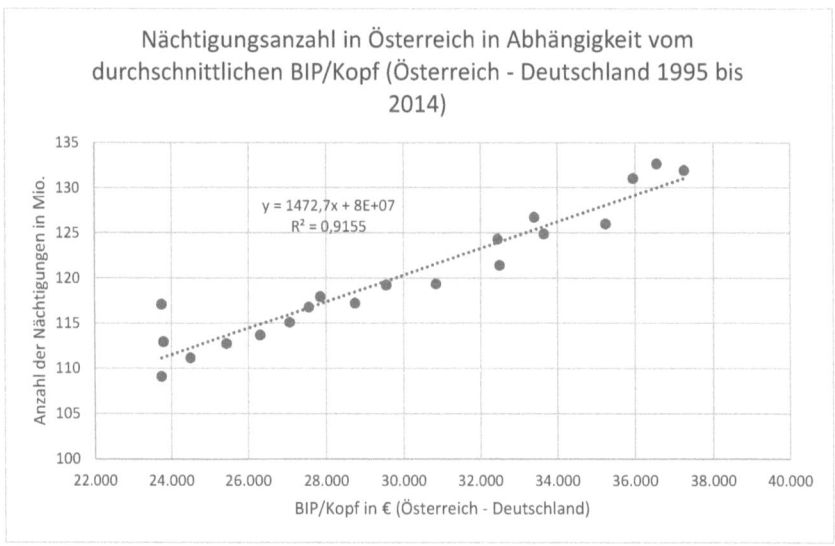

Abbildung 9 – Zusammenhang von der Nächtigungsanzahl in Österreich und vom durchschnittlichen BIP/Kopf Österreichs und Deutschlands von 1995 bis 2014 - Quelle: Statistik Austria/Eurostat/eigene Berechnung und Darstellung

3.3.1. Korrelationsanalyse

Der Korrelationskoeffizient ist ein Maß, das den Grad des linearen Zusammenhangs von mindestens zwei Merkmalen beschreibt. Der Wert des Koeffizienten kann zwischen -1 und 1 liegen, wobei -1 bedeutet, dass eine vollständig negative Korrelation besteht. 1 heißt, dass eine vollständig positive Korrelation vorhanden ist und bei einem Wert von 0 kann durch die Analyse kein Zusammenhang bestätigt werden.

Korrelationskoeffizient		
	BIP/Kopf in € (Durchschnitt Österreich - Deutschland)	Nächtigungen Österreich
BIP/Kopf in € (Durchschnitt Österreich - Deutschland)	1	
Nächtigungen Österreich	0,957	1

Tabelle 11 – Korrelationskoeffizient vom durchschnittlichen BIP/Kopf Österreichs und Deutschlands und von der Nächtigungszahl Österreichs von 1995 bis 2014 - Quelle: Statistik Austria/Eurostat/eigene Berechnung

Die Analyse zeigt auf, dass ein starker positiver Zusammenhang zwischen BIP/Kopf und Nächtigungsanzahl besteht, da der Korrelationskoeffizient einen Wert von rund 0,96 aufweist. D.h. je höher der Wert der einen Variablen (BIP/Kopf), desto höher ist auch der Wert der anderen Variablen (Anzahl der Nächtigungen).

3.3.2. Regressionsanalyse

Die Regressionsanalyse versucht zu erklären, wie sich die eine Variable auf die andere auswirkt. Eine unabhängige Variable (BIP/Kopf) ist jene Größe, die die abhängige (Nächtigungsanzahl) Variable erklärt und beeinflusst.

Regressions-Statistik	
Multipler Korrelationskoeffizient	0,956838644
Bestimmtheitsmaß	0,91554019
Adjustiertes Bestimmtheitsmaß	0,910847979
Standardfehler	2102948,343
Beobachtungen	20

ANOVA		
	Freiheitsgrade (df)	F krit
Regression	1	4,21992E-11
Residue	18	
Gesamt	19	

	Koeffizienten	Standardfehler	t-Statistik	P-Wert
Schnittpunkt	76169244,36	3177638,835	23,97039069	4,14026E-15
X Variable 1	1472,722127	105,4316254	13,96850443	4,21992E-11

Tabelle 12 – Regressionsstatistik vom durchschnittlichen BIP/Kopf Österreichs und Deutschlands und von der Nächtigungszahl Österreichs von 1995 bis 2014 - Quelle: Statistik Austria/Eurostat/eigene Berechnung

Das Bestimmtheitsmaß R^2 beträgt rund 0,92, d.h., dass rund 92% der Gesamtvarianz durch das Modell erklärt werden können. Je näher der Wert bei 1 liegt, desto besser ist das Regressionsmodell.

Die Signifikanzwahrscheinlichkeit ist kleiner als das Signifikanzniveau (Fehlerwahrscheinlichkeit $\alpha = 0,05$), d.h. der P-Wert ist kleiner als α, was bedeutet, dass die Regression signifikant ist und, dass die Nullhypothese somit verworfen werden kann. Die eine Variable wirkt sich auf die andere Variable aus.

Die Regressionsgleichung lautet: $y = 1.472,7x + 80.000.000$

4. Diskussion

Anknüpfend an die Analyse kann man sagen, dass der österreichische Tourismus von großer Gegensätzlichkeit bestimmt wird. So stellen auch Ibesich et al. (2009: 18) fest: „Intensivtouristische Regionen […] stehen Regionen gegenüber, in denen der Fremdenverkehr kaum eine Rolle spielt […]. Diese Gebiete, die oft von landwirtschaftlichen Strukturen, starkem Auspendeln der nicht-bäuerlichen Bevölkerung und Abwanderung […] geprägt sind, werden als strukturschwach bezeichnet. Gunst- und Ungunstlagen liegen oft ganz nahe beieinander."
In der Analyse kommt auch deutlich zum Ausdruck, dass in den Bundesländern bzw. Bezirken Österreichs nicht nur große Disparitäten bezüglich der gesamten Nächtigungszahlen herrschen, sondern es auch markante Unterschiede gibt, was die Verteilung ausländischer und inländischer TouristInnen betrifft. Am stärksten konzentrieren sich ausländische Gäste auf die westlichen Bundesländer und auf Wien, was zu dieser Ungleichverteilung führt. Auch der Standortquotient und der Regionalindex zeigen die räumlich ungleiche Verteilung: In Salzburg, Tirol, Vorarlberg und Wien ist der Anteil der ausländischen TouristInnen im Vergleich zum Rest von Österreich besonders hoch.
Große Unterschiede gibt es auch hinsichtlich der Saisonen. So entfallen auf die Monate Juli, August, Jänner und Februar mehr als 50% der jährlichen Nächtigungen, was dazu führt, dass die Tourismusregionen in den Hauptsaisonen teilweise stark belastet sind, jedoch die Infrastruktur und die Quartiere in der übrigen Zeit nur gering genutzt werden. (vgl. Ibesich et al. 2009: 19f.)
Blickt man auf die zeitliche Veränderung so legt die Analyse dar, dass in fast allen Bundesländern, ausgenommen Kärnten und Oberösterreich, von 1995 bis 2014 ein Nächtigungsplus verzeichnet werden konnte. Im Tourismusjahr 2015 konnte dann ein neuer Rekordwert der Nächtigungszahlen erreicht werden, der 1,3% über jenem im Jahr 2013 liegt. Während 2015 vor allem Gäste aus Russland ausblieben (-34%), stiegen die Übernachtungen im Vergleich zum Vorjahr von TouristInnen aus Deutschland, der Schweiz und den Niederlanden u.a. Die meisten Inländerübernachtungen gab es dabei in der Steiermark. Kürzere Nächtigungsdauer und Quartiere der oberen Klasse werden immer beliebter. (vgl. Statistik Austria 2016)
Wie die Korrelations- und Regressionsanalyse gezeigt haben, beeinflusst die ökonomische Lage Österreichs und Deutschland den österreichischen Tourismus. Steigt das BIP/Kopf, so kann man davon ausgehen, dass wahrscheinlich auch die Nächtigungszahlen steigen werden. Wirtschaftsprobleme, Wirtschaftskrisen oder schwaches Wirtschaftswachstum in Deutschland und Österreich könnten aber die Nächtigungszahlen schrumpfen lassen. Da der Tourismussektor für Österreich so wichtig ist, würde sich das wiederum auf die gesamte österreichische Wirtschaft negativ auswirken. Wie ausschlaggebend die wirtschaftliche Lage für den österreichischen Tourismus ist, zeigt auch Univ.-Prof. Dr. Egon Smeral (Bundesministerium für Wissenschaft, Forschung und Wirtschaft 2015: 15f.) im Lagebericht für die Tourismus- und Freizeitwirtschaft in Österreich 2014 auf. Er erläutert, dass die mangelnde Kaufkraft und das geringe Wirtschaftswachstum im Jahr 2014 den Tourismus in Österreich stark hemmten. Er führt aber auch an, dass der schneearme Winter und der verregnete Sommer mit Schuld am Nächtigungsminus gegenüber dem Vorjahr waren.

Der österreichische Tourismus ist nämlich nicht nur von der wirtschaftlichen Entwicklung abhängig, sondern auch von naturräumlichen und klimatischen Rahmenbedingungen. Vor allem der Alpenraum war bisher von der globalen Klimaerwärmung stärker betroffen als andere Naturräume (ZAMG). Es gibt mehrere Szenarien, die die Veränderung des Klimas für die Zukunft prognostizieren. So legt die Zentralanstalt für Meteorologie und Geodynamik dar: „Die globalen Zirkulationsmodelle zeigen für die Region [die Alpen, Erg. des Verf.] eine Fortsetzung des beobachteten Trends hin zu höheren Temperaturen. Bis zum Ende des Jahrhunderts steigt die Jahresmitteltemperatur in den Simulationen um ca. +3,5° C […] mit einer Schwankungsbreite innerhalb der Modelle von +2 bis +5,5° C." (ZAMG)

Laut der Zentralanstalt für Meteorologie und Geodynamik soll die Temperatur im Alpenraum etwa zur Mitte des 21. Jahrhunderts um ca. 2°C ansteigen:

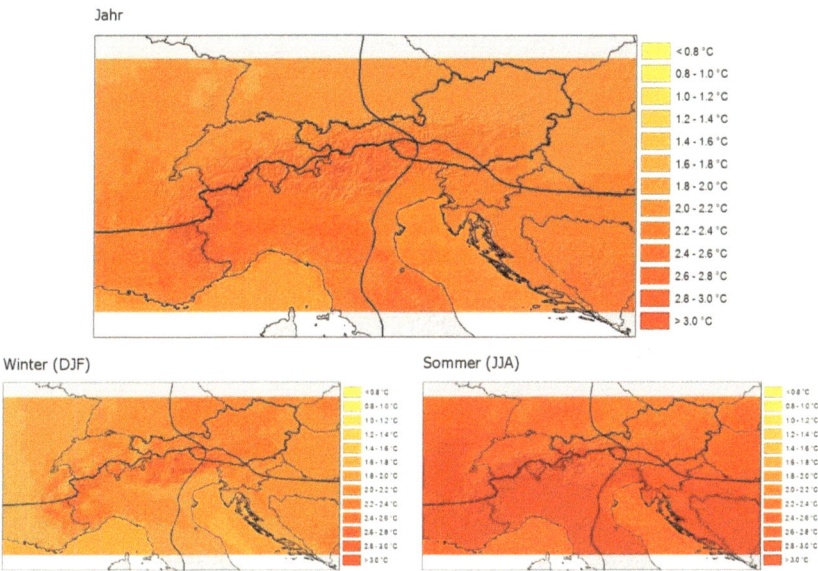

Abbildung 10 – Änderung der Lufttemperatur sowohl im Jahresmittel, als auch im Sommer und Winter von 2041 bis 2070 bezogen auf das Mittel von 1961 bis 1990 aus regionalen Klimamodellierungsdaten des Modells CCLM - Quelle: ZAMG

Der Anstieg der Temperatur hätte eine Veränderung der Naturraumbedingungen, wie Gletscherschmelze, Verschiebung der Vegetationszonen, Extremwetterereignisse, ein häufigeres Auftreten von Hitzetagen, steigende Wassertemperaturen etc., zur Folge (vgl. Bundesministerium für Wissenschaft, Forschung und Wirtschaft 2012: 4ff.).
Besonders in Skigebieten in mittleren Lagen ist schon heute die Schneesicherheit aufgrund der steigenden Schneefallgrenze in den Wintermonaten nicht mehr gegeben. Da laut Prognosen vor allem die Alpenregionen die Auswirkungen des globalen Klimawandels stark zu spüren bekommen werden, wird die Schneelage in Zukunft immer kritischer werden, was sich voraussichtlich auch auf die TouristInnenankünfte in den voralpinen und auch alpinen Gebieten negativ auswirken wird. Im Sommer wird zudem mit erhöhter Hitzebelastung zu rechnen sein.
Doch die Klimaerwärmung bringt nicht nur Negatives mit sich. Gerade in der Sommersaison könnten die veränderten Wetterbedingungen für den österreichischen Tourismus auch von Vorteil sein. Denn steigende Temperaturen führen unter anderem zu einer längeren Sommersaison

und zu höheren Wassertemperaturen. Außerdem werden voraussichtlich inländische TouristInnen, aufgrund des zu heiß werdenden Klimas in der Mittelmeerregion, bevorzugt Urlaub in Österreich machen. (vgl. Bundesministerium für Wissenschaft, Forschung und Wirtschaft 2012: 10) Insbesondere der „Seentourismus in Österreich, der durch eine hohe Klima-/Wettersensitivität geprägt ist, kann mit den positivsten Auswirkungen des Klimawandels rechnen." (Bundesministerium für Wissenschaft, Forschung und Wirtschaft 2012: 10)

Neben der Klimaerwärmung werden aber auch gesellschaftliche Veränderungen auf den Tourismus Einfluss nehmen. So wird sich das Reiseverhalten der Menschen in den kommenden Jahren wohl stark wandeln. Mehrere Faktoren, wie Migration, verändernde Familienstrukturen, steigendes Gesundheitsbewusstsein und Bildungsniveau, Werteänderungen oder höhere Ansprüche, werden dabei eine Rolle spielen. Der Tourismus wird sich aber insbesondere auf die immer älter werdende Bevölkerung einstellen müssen, was neue Herausforderungen aber auch Chancen bringt. Denn der demographische Wandel hat sowohl positive als auch negative Auswirkungen auf Österreichs Fremdenverkehr. (vgl. Bundesministerium für Wissenschaft, Forschung und Wirtschaft 2012: 14) Das Bundesministerium für Wissenschaft, Forschung und Wirtschaft (2012: 15) stellt fest: „In Österreich bilden die über 60-Jährigen bis 2030 ein starkes Wachstumssegment, das sich zwischen 2009 und 2030 sogar um 46 % [...] erhöhen könnte." Zum Beispiel verfügen ältere Menschen über mehr Zeit und haben die finanziellen Mittel, um (öfter) in den Urlaub zu fahren. Tourismusarten, wie der Erholungs- oder Wanderurlaub werden vermutlich eine gesteigerte Nachfrage erfahren, während der Wintersporttourismus aufgrund der körperlichen Verfassung der Älteren mit Einbußen rechnen muss.

Resümierend lässt sich feststellen, dass Klimaänderung und demographischer Wandel vor allem dem Wintersporttourismus in Österreich Einbußen bringen könnten, während der Sommertourismus sogar profitieren könnte.

Verzeichnisse

Abbildungsverzeichnis

Tabellenverzeichnis

BONAT A. (2002): Eine Nachfrageanalyse des Tourismus in Österreich. – Diplomarbeit, Universität Wien, Wien.

GASSLER H. (1999): Alpiner Tourismus in Österreich: Historische Entwicklung, aktuelle Strukturen und Probleme, Fallbeispiele. – Wien.

LAIMER P. (1996): Konzepte in der nationalen und internationalen tourismusstatistischen Forschung: Analyse bestehender und neuer Modelle der Erfassung des Tourismus in Theorie und Praxis am Beispiel der amtlichen Statistik Österreichs. – Dissertation, Universität Wien, Wien.

MÜLLER M. (2006): Die Entwicklung des Tourismus in Österreich: Wandel vom Sommer- zum Wintertourismusland. – Diplomarbeit, Universität Wien, Wien.

Internetquellen:

AWS Arbeitsgemeinschaft Wirtschaft und Schule (Hrsg.) (2008): http://www.bmwfw.gv.at/Tourismus/TourismusstudienUndPublikationen/Documents/mp_tourismus_und_freizeitwirtschaft%5B1%5D.pdf (16.02.2016).

BIEHL K. (Hrsg.) (2001): Tourismus in Österreich 2011: mit einer Sonderauswertung des österreichischen Arbeitsklimaindex. – Wien. https://media.arbeiterkammer.at/wien/Verkehr_und_Infrastruktur_43.pdf (16.02.2016).

Bundesministerium für Wissenschaft, Forschung und Wirtschaft: http://www.bmwfw.gv.at/Tourismus/TourismusInOesterreich/Seiten/LagederTourismus-undFreizeitwirtschaft.aspx (16.02.2016).

Bundesministerium für Wissenschaft, Forschung und Wirtschaft (Hrsg.) (2015): Bericht über die Lage der Tourismus- und Freizeitwirtschaft in Österreich 2014. – Wien. http://www.bmwfw.gv.at/Tourismus/TourismusInOesterreich/Documents/LAGEBERICHT%202014%20mit%20Deckblatt_geringe%20Auflösung.pdf (16.02.2016).

Bundesministerium für Wissenschaft, Forschung und Wirtschaft (Hrsg.) (2012): Klimawandel und Tourismus in Österreich 2030: Auswirkungen, Chancen & Risiken, Optionen & Strategien Studien-Kurzfassung. – Wien. http://www.bmwfw.gv.at/Tourismus/TourismusstudienUndPublikationen/Documents/Studie%20Klimawandel%20u.%20Tourismus%20in%20%C3%96.%202030%20Kurzfassung.pdf (16.02.2016).

FRITZ O., SCHIMAN S. und SMERAL E. (2015): Bericht über die Entwicklung und Struktur der österreichischen Tourismus- und Freizeitwirtschaft im Jahr 2014. – Wien, Österreichisches Institut für Wirtschaftsforschung (Hrsg.). http://www.bmwfw.gv.at/Tourismus/TourismusInOesterreich/Documents/TuF-Bericht%202014_BMWFW_(Endfassg.mit%20Anhang_3.6.2015).pdf (16.02.2016).

IBESICH N. und KURZWEIL A. (2009): Erreichbarkeiten alpiner Tourismusstandorte mit dem öffentlichen Verkehr aus bedeutenden Großstädten Europas: Nationale Studie Österreich. – Wien, Umweltbundesamt GmbH (Hrsg.). http://www.umweltbundesamt.at/fileadmin/site/publikationen/REP0217.pdf (16.02.2016).

LAIMER P., EHN-FRANGER S. und SMERAL E. (2013): Ein Tourismus-Satellitenkonto für Österreich: Methodik, Ergebnisse und Prognosen für die Jahre 2000 bis 2014. – Wien, Österreichisches Institut für Wirtschaftsforschung (Hrsg.). http://www.wifo.ac.at/jart/prj3/wifo/resources/person_dokument/person_dokument.jart?publikationsid=47138&mime_type=application/pdf (16.02.2016).

LEODOLTER S. und KASKE R. (Hrsg.) (2003): Tourismus in Österreich: Zukunftsbranche oder Einstieg in die Arbeitslosigkeit? – Wien, Arbeiterkammer Wien. http://e-doc.wien.arbeiterkammer.at/pictures/d9/Tourismus_in_Oesterreich.pdf (16.02.2016).

LOHMANN M., MÜLLER H., PECHLANER H., SMERAL E. und WÖBER K. (2012): Österreich Tourismus – Überwindung der Stagnation: Chancen und Wege. – Wien, Bundesministerium für Wissenschaft, Familie und Jugend (Hrsg.). http://www.bmwfw.gv.at/Tourismus/TourismusstudienUndPublikationen/Documents/Bericht%20des%20Expertenbeirats_2012.pdf (16.02.2016).

Statistik Austria: http://www.statistik.at/web_de/statistiken/wirtschaft/tourismus/index.html (16.02.2016).

Statistik Austria (Hrsg.) (2016): Neuer Tourismus-Rekordwert: 135 Millionen Übernachtungen im Jahr 2015. – Wien. http://www.statistik.at/web_de/statistiken/wirtschaft/tourismus/beherbergung/106836.html (16.02.2016).

Statistik Austria (Hrsg.) (2016): Statistisches Jahrbuch 2016: Tourismus; Ankünfte, Übernachtungen, Urlaubsreisen. – Wien. http://www.statistik.at/web_de/services/stat_jahrbuch/index.html (16.02.2016).

Statistik Austria (Hrsg.) (2015): Tourismus in Zahlen 2014/15. – Wien. http://www.statistik.at/web_de/services/publikationen/13/index.html?includePage=detailedView&sectionName=Tourismus&pubId=711 (16.02.2016).

Wirtschaftskammer Österreich: https://www.wko.at/Content.Node/branchen/oe/Tourismus-Statistiken.html (16.02.2016).

Zentralanstalt für Meteorologie und Geodynamik (ZAMG): https://www.zamg.ac.at/cms/de/klima/informationsportal-klimawandel/klimafolgen/tourismus (16.02.2016).

Zentralanstalt für Meteorologie und Geodynamik (ZAMG): https://www.zamg.ac.at/cms/de/klima/informationsportal-klimawandel/klimazukunft/alpenraum/lufttemperatur (16.02.2016)